便民圖纂卷第十三

牧養類

相牛法　相耕牛要眼去角近眼欲大眼中有白脉貫瞳子脛骨長大後脚股闊並快使毛欲短密踈長者不耐寒角欲得細身欲得粗尾稍長大者吉尾梢亂毛轉者命短

相母牛法　毛白乳紅者多子乳踈而黒者無子生犢時子臥面相向者吉相背者生子踈一夜下糞三堆者一年生一子一夜下糞一堆者三年生一子

治牛瘴　用安息香於牛欄中焚之○又方用石南藤和芭蕉舂自然汁五升灌之

治牛噎　用皂角末吹鼻中以鞋底拍其尾停骨下

治牛疥癩　用蕎麥穰燒灰淋洗牛馬同治○又方用藜蘆爲末水調塗甚妙

治牛爛肩　以舊絮三兩燒存性麻油調傳忌水五日瘥

治牛漏蹄　以紫礦爲末猪脂和塡漏蹄中燒鐵烙之

治牛咳嗽　用塩一兩豉汁一升相和灌之

治牛尿血　用當歸紅花爲末酒煎一合灌之

治牛身上生蟲　當歸擣爛醋浸一宿塗之

治牛傷熱用胡麻葉搗汁灌之立瘥

治牛尾焦牛尾焦不食水草用大黃黃連白芷各半兩爲末以鷄子清一箇酒調灌之

治牛觸人牛忽肚脹狂走觸人用大黃黃連各半兩鷄子清一箇酒一升和勻灌之

治牛腹脹牛喫雜蟲非時腹脹用燕子屎一合水調灌之

治牛卒疫牛卒疫頭打肱用巴豆去皮搗爛入生麻油和灌之仍用皂角末一撮吹入鼻中更用鞋底於尾停骨下拍之

治牛患眼牛生白膜遮眼用炒盐并竹節燒存性細研一錢貼膜上

治水牛患熱白朮二兩半蒼朮四兩二錢紫苑藁本各三兩三錢牛膝三兩二錢麻黃三兩去節厚朴三兩一分當歸三兩半共爲末每服二兩以酒二升煎放温草後灌之

治水牛氣脹白芷一兩茴香官桂細辛各一兩一錢桔梗一兩二錢芍藥蒼朮各一兩三錢橘皮九錢五分共爲末每服一兩加生薑一兩盐水一升同煎候温灌之

治水牛水瀉青皮陳皮各二兩一錢白礬一兩九錢蒼朮橡斗子乾薑各二兩二錢枳殼一兩九錢芍藥細辛各二兩五錢茴香

二兩三錢共爲末每服一兩用生薑一兩塩三錢水二升同煎灌之

治水牛瘟疫 水牛患熱瘟疫用人參芍藥黃栢各二兩五錢 貝母知母白礬黃連防風各二兩三錢 山梔欝金黃芩各二兩四錢 瓜蔞桔梗各一兩 大黃一兩九錢 共爲末每服二兩以蜜二兩砂糖一兩生薑五錢水二升同調灌之

看馬捷法 頭欲高峻○面欲瘦而少肉○耳欲得小耳小則肝小而識人意緊短者性最快○鼻大則肺大而能奔○眼欲得大眼大則心大而猛利不驚眼下無肉多咬人○脣欲得小○腸欲厚則腹下廣方而平○膁欲得小膁小則脾小而易養○胸堂欲闊○肋骨過十二條者三山骨欲平則易肥○四蹄欲注實則能負重○腹下兩邊生逆毛到膁者良○望之大就之小筋馬也望之小就之大肉馬也至瘦欲見其肉至肥欲見其骨○令之買馬且看眼鼻大筋骨麄行立好便是好馬

相馬毛旋歌 括云項上須生旋有之不用誇還緣不利長所以號騰蛇後有喪門旋前兼有挾尸勸君不用畜無事也須疑牛額并銜禍非常害長多古

人如是説此事不虛歌帶劒渾閑事喪門不可當
的盧如入口有禍也須防黑色耳全白從來號孝
頭假饒千里足奉勸不須留背上毛生旋驢騾亦
有之只惟鞍貼下此者是駞尸銜禍口邊衝時間
禍必逢古人稱是病馬敢不言凶眼下毛生旋逕
脊是淚痕假饒福也病無禍亦防侵毛病深知害
妨人不在占大都知此類無禍也宜嫌檐耳駞鬃
項雖然毛病殊若然兼豹尾有實不如無

養馬法馬者火畜也其性惡濕利居高燥之地忌作房於午位上日夜餵飼仲春群蓋順其性也季春

必啗恐其退也盛夏午間必牽於水侵之恐其傷於暑也季冬稍遮蔽之恐其傷於寒也啗以猪膽犬膽和料餵之欲其肥也○餵料時須擇新草篩簸豆料若熟料用新汲水浸淘放冷方可餵飼一夜須二三次起餵草料若天熱時不宜加熟料止可用豌豆大麥之類生餵夏月自早至晚宜飲水三次秋冬只飲一次可也飲宜新水宿水能令馬病冬月飲畢亦宜緩騎數里卸鞍不宜當簷下風吹則成病

治馬諸病用白鳳仙花連根葉熬成膏抹於馬眼角

上汗出卽愈

治馬諸瘡 用夜合花葉黃丹乾薑檳榔五倍子爲末先以鹽漿水洗瘡後用麻油加輕粉調傅

治馬傷料 用生蘿蔔三五箇切作片子啖之

治馬傷水 用葱鹽油相和搓作團納鼻中以手掩其鼻令氣不通良久淚出卽止

治馬錯水 緣馳驟喘息未定卽與水飲須臾兩耳并鼻息皆冷或流冷涕卽此證也先燒人亂髮燻兩鼻後用川烏草烏白芷猪牙皂角胡椒各等分麝香少許爲細末用竹筒盛藥一字吹入鼻中立效

○又法葱一握鹽一兩同杵爲泥罨兩鼻内須臾打通淸水流出是其效也

治馬患眼 青鹽黃連馬牙硝甤仁各等分同研爲末用蜜煎入磁瓶内盛貯點時旋取多少以井水浸化

治馬頰骨脹 用羊蹄根草四十九箇燒灰熨骨上冷卽換之如無羊蹄根以楊柳枝如指頭大者炙熱熨之

治馬喉腫 螺青川芎知母川鬱金牛蒡炒薄荷貝母同爲末每服二兩蜜二兩用水煎沸候温調灌之

○又方取乾馬糞置瓶中以頭髮覆蓋燒烟熏其兩鼻

治馬舌硬　款冬花瞿麥山梔子地仙草青黛硼砂朴硝油煙墨等分爲細末每用五錢許塗舌上立瘥

治馬膈痛　羌活白芍藥甜瓜子當歸沒藥爲末春夏漿水加蜜秋冬小便調療膈痛低頭難不食草

治馬傷脾　川厚朴去麄皮爲末同薑棗煎灌一應脾胃有傷不食水草褰唇似笑鼻中氣短宜速與此藥治之

治馬心熱　甘草芒硝黄栢大黄山梔子瓜蔞爲末水調灌一應心肺壅熱口鼻流血跳躑煩燥宜急與此藥治

治馬肺毒　天門冬知母貝母紫蘇芒硝黄芩甘草薄荷葉同爲末飯湯入少許醋調灌療肺毒熱極鼻中噴水

治馬肝壅　朴硝黄連爲末男子頭髮燒灰存性漿水調灌一應邪氣衝肝眼目似瞎忽然眩倒此方治

治馬卒熱肚脹　用藍汁二升井花水二升和灌之

治馬腎搐　烏藥芍藥當歸玄參山茵蔯白芷山藥杏仁秦艽每服一兩酒一大升同煎温灌隔日再灌

治馬流沫　當歸菖蒲白朮澤瀉赤石脂枳殼厚朴甘草爲末每服一兩半酒一升葱白三握同水煎溫灌之

治馬氣喘　玄參葶藶升麻牛蒡兜苓黄耆知母貝母同爲末每服二兩漿水調草後灌之

治馬啌喘毛焦　用大麻子揀淨一升餵之大效

治馬尿血　黄耆烏藥芍藥山茵蔯地黄兜苓枇杷葉爲末漿水煎沸候冷調灌之

治馬結尿　滑石朴硝木通車前子爲末每服一兩溫水調灌隔時再服結甚則加山梔子赤芍藥

治馬結糞　皂角燒灰存性大黄枳殼麻子仁黄連厚朴爲末清米泔調灌若腸突加蔓荊子末同調

治馬傷蹄　大黄五靈脂木鼈子去油海桐皮甘草土黄芸薹子白芥子爲末黄米粥調藥攤帛上裹之

治馬發黄　黄栢雄黄木鼈子仁等分爲末醋調塗瘡上紙貼之初見黄腫處便用針遍卽塗藥

治馬急起臥　取壁上多年石灰細杵羅用酒調二兩灌之

治馬疥瘙　馬疥瘙及瘰痒用川芎大黄防風全蝎各一

兩荆芥穗五兩爲細末分作五服白湯調令灌之

治馬梁脊破成瘡不能騎坐如未破將馬脚下濕稀泥塗上乾卽再易濕者三五次自消或只用溝中青臭泥亦可已破成瘡者用黃丹枯白礬生薑燒存性人天靈蓋燒存性各等分爲末入麝香少許瘡乾用麻油調若瘡濕有膿用漿水同葱白煎湯洗淨傳之立效

治馬中結川山甲炒黃色大黃郁李仁各一兩風化石灰一合如無灰以朴硝四兩代之共爲細末作一服用麻油四兩釅醋一升調勻灌之立效如灌藥不通用猪牙皂角

爲細末同麻油各四兩和勻塡糞門中再灌前藥一服卽透

常啖馬藥欝金大黃甘草貝母山梔子白藥黃藥款花黃栢黃連知母桔梗各等分爲末每服二兩以油蜜和灌之若駒則隨其大小量爲加減

養羊法羊者火畜也其性惡濕利居高燥作棚宜高常除糞穢若食秋露水草則生瘡凡羊種以臘月正月所生之羔爲上十一月及二月生者次之大率十口二羝羝少則不孕多則亂群羝無角者更佳有角者喜相觸傷胎所由也

棧羊法向九月初買羖羊多則成百少則不過數十羖初來時與細切乾草少着糟水拌經五七日後漸次加磨破黑豆稠糟水拌之每羊少飼不可多與與多則不食可惜草料又兼不得肥勿與水與水則退膘溺多可一日六七次上草不可太飽太飽則有傷少則不飽不飽則退膘欄圈常要潔淨一年之中勿餵青草餵之則減膘破腹不肯食枯草矣

治羊火蹄以羖羊脂煎熟去滓取鐵篦子燒令熱將脂勻塗篦上烙之勿令入水次日卽愈

治羊疥癩藜蘆根不拘多少搥碎以米汁浸之瓶盛塞口置竈邊令暖數日味酸可用先以瓦片刮疥處令赤用溫湯洗去瘡甲拭乾以藥塗上兩次卽愈若疥多宜漸塗之徧塗恐不勝痛○又方用鍋底煤及鹽與桐油各二兩調勻塗之

治羊中水先以水洗眼及鼻中膿汙令淨次用鹽一大撮就將沸湯研化候冷澄淸汁注鷄子淸少許灌鼻內五日後漸愈

治羊敗羣羊膿鼻及口頰生瘡如乾癬者相染遂致絕羣治法取長竿豎於棧所竿頭置一小板繫獼

猴於竿令可上下又辟狐狸而益羊瘥病

養猪法　母猪取短喙無柔毛者良喙長則牙多一厢三牙已上者不可養爲其難得肥也牝者子母不同圈子母若同圈喜相聚而不食牡者同圈則無害矣

肥猪法　麻子二升擣十餘杵塩一升同煮和糠三升飼之立肥

治猪病　割去尾尖出血即愈若瘟疫用蘿蔔或[redacted]及梓樹華與食之不食難救

養犬法　凡人家勿養高脚狗彼多喜上卓欖竈上養

矮脚者便益純白者能爲恠勿畜之○凡黒犬四足白者凶後二足白頭黃者吉足黃招財尾白者大吉一足白者益家白犬黃頭吉背白者害人帶虎斑者吉黃犬前二足白者吉胸白者吉口黒者招官事四足俱白者凶青犬黃耳者吉○犬生三子俱黃四子俱白八子俱黃五子六子俱青吉

治狗病　用水調平胃散灌之加赤殻巴豆尤妙

治狗卒死　用葵根塞鼻内即活

治狗癩　狗遍身膿癩用百部濃煎汁塗之○狗蠅多者以香油遍身擦之立去

相猫法 猫兒身短最爲良眼用金銀尾用長面似虎威聲要喊老鼠聞之自避藏○露爪能翻瓦腰長會走家面長鷄絕種尾大懶如蛇○又法口中三坎者捉一季五坎者捉二季七坎者捉三季九坎者捉四季花朝口咬頭牲耳薄不畏寒毛色純白純黑純黃者不須揀若肴花猫身上有花又要四足及尾花纏得過方好

治猫病 凡猫病用烏藥磨水灌之○若偎火疲悴用硫黃少許入猪湯中炮熟餵之或入魚湯中餵之亦可○小猫悞被人踏死用蘇木濃煎湯濾去柤灌之

相鵞鴨法 鵞鴨母其頭欲小口上齗有小珠滿五者生卵多滿三者爲次

選鵞鴨種 凡鵞鴨並選再伏者爲種大率鵞三雌一雄鴨五雌一雄抱時皆一月量雛欲出之時四五日間不可震響大鵞抱十子大鴨十五子小者量減之數起者不任爲種其貪伏不起者爲種須五六日一與食起

棧鵞易肥者 稻子或小米大麥不計煑熟先用磚蓋成小屋放鵞在內勿令轉側門中木棒簽定只令

出頭喫食日餵三四次夜多與食勿令住口如此
五日必肥

養雛鴨法 每年五月五日不得放棲只乾餵不得與
水則日日生卵不然或生或不生土硫黃飼之易
肥

養鷄法 鷄種取桑落時者良春夏生者不佳鷄春夏
雛二十日内無令出窠飼以燥聚若聯飯則臍上
生膿不宜燒柳木柴大者盲小者死餵小麥易大
○作棲不宜用桃李木安棲宜四極中星之處子
午卯酉方爲四極甲丙庚壬爲中星

棧鷄易肥法 以油和麵捻成指尖大塊日與十數枚
食之又以做成硬飯同土硫黃研細每次與五分
許同飯拌勻餵數日即肥

養鷄不菢法 母鷄下卵時日逐食内夾以麻子餵之
則常生卵不菢

養生鷄法 鷄初來時即以淨温水洗其脚自然不走

治鷄病 凡鷄雜病以真麻油灌之皆立愈若中蜈蚣
毒則研茱萸解之

治鬭鷄病 以雄黃末搜飯飼之可去其胃蟲此藥性
熱又可使其力健

凡鳥翅足折喉以芝麻仍
嚼爛敷患處即痊

養魚法 陶朱公曰治生之法有五水畜第一魚池是也池中作九洲求鯉魚二月上庚日納池中令水無聲魚必生至四月納一神守六月二神守八月三神守神守者鼈也所以納鼈者鱗蟲三百六十蛟龍爲之長而將魚飛去有鼈則魚不去在池中周遶九洲無窮自謂江湖也養鯉者鯉不相食易長又貴也

治魚病 凡魚遭毒翻白急疏去毒水別引新水入池多取芭蕉葉搗碎置新水來處使吸之則鮮或以溺澆池面亦佳

治鹿病 宜用塩拌豆料餵之常餵以豌豆亦佳

治猿病 小猿宜餵以人參黃耆若大猿則以蘿蔔餵之

治鶴病 用蛇鼠及大麥並宜煮熟餵之

治鸚鵡病 以柑欖餘甘飼之愈預收作乾以備緩急之用

治鴿病 用古墻上螺螄殼并續隨子銀杏搗爲丸每餵十丸若爲鷹所傷宜取地黃研汁浸米飼之

治百鳥病 百鳥與惡水臭凹生爛瘡甜瓜蒂爲末傳之愈

便民圖纂卷第十三

便民圖纂卷第十四

製造類上

辟穀救荒法 千金方云用白蜜二斤白麵六斤香油二斤茯苓四兩甘草二兩生薑四兩去皮乾薑二兩炮共為細末拌白擣為塊子蒸熟陰乾為末以絹袋盛每服一匙冷水調下可待百日雖太平時亦不可不知此

取蟾酥法 捉大癩蝦蟆先洗淨用繩縛住以小杖鞭眉上兩道高處須臾有白膏自出便刮在淨器內收貯乃真蟾酥也

法煎香茶 上春嫩茶芽每五十兩重以菉豆一升去殼蒸焙山藥十兩一處細磨別以腦麝各半錢重入盤同研約二千杵納罐內密封窨三日後可以烹點愈久香味愈佳

腦麝香茶 腦子隨多少用薄紙裹置茶合上密蓋定點供自然帶腦香其腦又可別用取麝香殼安罐底自然香透尤妙

百花香茶 木犀茉莉橘花素馨等花依前法熏之

煎茶法 用有焰炭火滾起便以冷水點住伺再滾起再點如此三次色味甚美

天香湯　白木犀盛開時清晨帶露用杖打下花以布被盛之揀去蒂萼頻在淨瓷器內候積聚多然後用新砂盆擂爛一名山桂湯一名木犀湯用木犀一斤炒鹽四兩炙粉草二兩拌勻置瓷瓶中密封曝七日每用沸湯點服

宿沙湯　縮砂仁（四兩）烏藥（二兩）香附子（一兩炒）粉草（二兩炙）共爲末每用二錢加鹽沸湯點服中酒者服之妙常服快氣進食

須問湯　東坡歌括云半兩生薑（乾用）一升棗（乾用去核）三兩白鹽（炒黃）二兩草（炙去皮）丁香木香各半錢約量陳皮（去白）一處擣煎也好點也好紅白容顔直到老

熟梅湯　樹頭黃大梅蒸熟去皮核每斤用甘草末五錢炒鹽四兩薑絲二兩青椒五錢待秋間入木犀不拘多少

鳳髓湯　松子仁　胡桃肉（湯浸去皮各一兩）蜜（半兩）共研爛入蜜和勻每用沸湯點服能潤肺療咳嗽

香橙湯　大橙子（三斤去核切作片子連皮用）檀香末（半兩）生薑（五兩切作片焙乾）甘草末（一兩）內二件用淨砂盆研爛次入檀香甘草末和作餅子焙乾碾爲細末每用一錢鹽少許沸湯點服能寬中快氣消酒

造酒麯　白麪一百斤菉豆五斗辣蓼末五兩杏仁十兩去皮研爲泥先用蓼汁浸菉豆一宿次日煮極爛攤冷和麪次入杏泥蓼末拌勻踏成餅稻草包裹約四十餘日去草曬乾收起須三伏中造

菊花酒　酒醅將熟時每缸取黃英菊花去萼蒂甘者只取花英二斤擇淨入醅內攪勻次早搾則味香美但一切有香無毒之花做此用之皆可

收雜酒法　如人家賀客攜酒味之美惡必不能齊可共聚一缸澄清去渾將陳皮三兩許撒入缸內浸三日漉去再如前撒入如此三次自成美醞

拗酸酒法　若冬月造酒打扒遲而作酸卽炒黑豆一二升石灰二升或三升量酒多少加減却將石灰另炒黃二件乘熱傾入缸內急將扒打轉過一二日搾則全美矣○又方每酒一大瓶用赤小豆一升炒焦袋盛放酒中卽解

治酒不沸　釀酒失冷三四日不發者卽撥開飯中傾入熟酒醅三四碗須臾便發如無酒醅將好酒傾入一二升便有動意不爾則作甜

造千里醋　烏梅去核一斤以釅醋五升浸一伏時曝乾再入醋浸再曝乾以醋盡爲度搗爲末以醋浸

蒸餅和爲丸如雞頭大投一二丸於湯中即成好

醋

造七醋 黃陳倉米五斗浸七宿每日換水一次至七日做熟飯乘熱入甕按平封閉第二日番轉至第七日再番轉傾入井水三擔又封一七日攪一遍再封二七日再攪至三七日即成好醋此法簡易尤妙

收醋法 將頭醋裝入瓶内燒紅炭一小塊投之摻入炒小麥一撮箬封泥固則永不壞

造醬 三伏中不拘黃黑豆揀淨水浸一宿漉出煮爛用白麪拌勻攤蘆蓆上用楮葉或蒼耳葉蓋一日發熱二日作黃衣三日後翻轉曬乾黃子一斤用鹽四兩爲率井水下水高黃子一拳曬須不犯生水

治醬生蛆 用草烏五七箇切作四半撒入其蛆自死

治飯不餿 用生莧菜鋪蓋飯上則飯不作餿氣

造酥油 取牛乳下鍋滚二三沸舀在盆内候冷定結成酪皮取酪皮又煎油出去柤舀在盆内即是酥油

造乳餅 取牛乳一斗絹濾入鍋煎三五沸先將好醋

以水解淡俟乳沸點入則漸結成漉出用絹布之
類包盛以石壓之
則如新
收藏乳餅 取乳餅安鹽甕底則不壞用時取出蒸軟
煮諸肉 牛肉猛火煮至滚便當退作慢火不可盖盖
則有毒若老牛肉入碎杏仁及蘆葉一束同煮易
軟爛○馬肉冷水下入葱酒煮不可盖○羊肉滚
湯下盖定慢火養熟若老羊同尾片煮則易爛紙
羊同核桃煮則不臊○猪羊肉以舊籬上篾一把
入鍋同煮立軟○獐肉冷水下煮不宜過過則乾

燥無味加葱椒山藥其味珍美○鹿肉宜與肥猪
羊肉同煮以鹿肉乾燥借其油味浸入令肉性滋
潤煮不宜過滚水下○兎肉鹽醃一宿冷水下加
葱椒宜蘿蔔製亦可與肥肉同煮若煮太熟則肉
乾無味○老鷄鵞鴨取猪胰一具切爛同煮以盆
盖定不得揭開約熟為度則肉軟而汁佳或用櫻
桃葉數片煮老鵞赤錫糖兩塊煮老鷄皆能易軟
○煮陳臘肉同
燒肉 猪羊鵞鴨等先用鹽醬料物醃一二時將鍋洗
淨燒熱用香油遍澆以柴棒架起肉盆令紙封慢

火燒熟

四時臘肉 收臘月內醃肉滷汁淨器收貯泥封頭如要用時取滷一碗加臘水一碗鹽三兩將猪肉去骨三指厚五寸闊段了同鹽料末醃半日却入滷汁內浸一宿次日其肉色味與臘肉無異若無滷汁每肉一斤用鹽半斤醃二宿亦妙煮時先以米泔清者入鹽二兩煮三沸換水煮

收臘肉法 新猪肉打成段用煮小麥滾湯淋過控乾每斤用鹽一兩擦拌置甕中三二日一度翻至半月後用好糟醃一二宿出甕用元醃汁水洗淨懸

於無煙淨室二十日以後半乾半濕以故紙封裹用淋過淨灰於大甕中一重灰一重肉埋訖盆合置之凉處經歲如新煮時米泔浸一炊時洗刷淨下清水中鍋上盆合土擁慢火煮候滾即撤薪停息一炊時再發火再滾住火良久取食此法之妙全在早醃須臘月前十日醃藏令得臘氣爲佳稍遲則不佳矣牛羊馬等肉並同此法如欲色紅須纔宰時乘熱以血塗肉即顏色鮮紅可愛

夏月收肉 凡諸般肉大片薄批每斤用鹽二兩細料物少許拌勻勤番動醃半日許榨去血水香油抹

過蒸熟竹簽穿懸烈日中曬乾收貯

夏月煑肉停久 每肉五斤用胡荽子一合醋二升塩三兩慢火煮熟透風處放若加酒葱椒同煮尤佳

淹鵞鴨等物 撏淨於胷上剖開去腸肚每斤用塩一兩加川椒茴香蒔蘿陳皮等擦淹半月後曬乾為度

醃鴨卵 不拘多少洗淨控乾用竈灰篩細二分塩一分拌勻却將鴨卵於濃米飲湯中蘸濕入灰塩滚過收貯

造脯歌括云不論猪羊與犬牢一斤切作十六條大盞醇醪小盞醋馬芹蒔蘿入分毫揀淨白塩秤四兩寄語庖人慢火熬酒盡醋乾方是法味甘不論孔聞韶

牛腊鹿脩 好肉不拘多少去筋膜切作條或作段每二斤用塩六錢半川椒三十粒葱三大莖細切酒一大盞同淹三五日日翻五七次曬乾猪羊倣此

蒸猪肉法 淨撏猪訖更以熱湯遍洗之毛孔中即有垢出以草痛揩如此三遍刷洗令淨四破於大釜煑之以杓接取浮脂則著甕中稍稍添水數數接脂脂盡漉出破為四方寸臠易水更煑下酒二升

以殺腥臊清白皆得若無酒以酢漿代之添水接脂一如上法脂盡無復腥氣漉出板初於銅鍋中蒸之一行肉一行擘葱渾豉白塩薑椒如是次弟布訖下水蒸之肉作琥珀色乃止恣意飽食亦不餇（烏驛切）乃勝燠肉欲得着冬瓜甘瓠者於銅器中布肉時下之其盆中脂練白如珂雪可以供餘用者焉

𢷬鵞鴨 大者一隻𢷬淨去腸肚以榆仁醬肉汁調先炒葱油傾汁下鍋入椒數粒後下鴨子慢火煮熟折開另盛湯共鵞鴨鷄同此製造

造鵞鮓 肥者二隻去骨用淨肉每五斤細切入塩三兩酒一大盞淹過宿去滷用葱絲四兩薑絲二兩橘絲一兩椒半兩蒔蘿茴香馬芹各少許紅麯末一合酒半升拌勻入鑵實捺箬封泥固猪羊精者皆可似此治造

造魚鮓 每大魚一斤切作片臠不得犯水以布拭乾夏月用塩一兩半冬月一兩待片時醃魚水出再漉乾次用薑橘絲蒔蘿紅麯饙飯并葱油拌勻入磁鑵捺實箬蓋竹簽插覆鑵去滷盡卽熟或用礬水浸則肉緊而脆

醃藏魚　臘月將大鯉魚去鱗雜頭尾劈開洗去腥血布拭乾炒鹽醃七日就用鹽水刷洗淨當風處懸之七七日魚極乾取下剖作大方塊用臘酒脚和糟稍稀相魚多少下炒茴香蒔蘿葱鹽油拌勻塗魚逐塊入淨罈一層魚一層糟罈滿即止以泥固口過七七日開開時忌南風恐致變壞

糟魚　大魚片每斤用鹽一兩先醃一宿拭乾別入糟一斤半用鹽一分半和糟將魚大片用紙裹以糟覆之

酒麪魚　大魚淨洗一斤切作手掌大用鹽二兩神麪

末四兩椒百粒葱一握酒二升拌勻密封冬七日夏一宿可食

去魚腥　薄荷葉白礬江茶爲末拌勻醃一宿至次日早漉去腥水再以新汲水洗淨任意用之○一法煑魚用些少木香在內則不腥

糟蟹　歌括云三十團臍不用尖（水洗控乾布拭）糟鹽十二五斤鮮（糟五斤鹽十二）好醋半斤並半酒（拌勻糟內）可飡七日到明年（七日熟可食藏至明年）

酒蟹　九月間揀肥壯者十斤用炒鹽一斤四兩好白礬末一兩半先將蟹洗淨用稀篾籃封貯懸於當

風處以蟹乾爲度好醅酒五斤拌和盐礬令蟹入酒内良久取出每蟹一隻以花椒一顆納臍内入磁瓶實捺收貯更用花椒糝其上包瓶紙花上用韶粉一粒箸紮泥固取時不許見燈或用好酒破開臘糟拌盐礬亦得糟用五斤

醬蟹 團臍百枚洗淨控乾臍内滿填盐用線縛定仰疊入磁器中法醬二斤研渾椒一兩好酒一斗拌醬椒匀澆浸令過蟹一隻酒少再添密封泥固冬月十日可食

酒鰕 大鰕每斤用盐半兩醃半日瀝乾入瓶中一層鰕入椒十餘粒層層下訖以好酒化盐一兩半繞之密封五七日熟冬十餘日每鰕一斤用盐三兩

煑蛤蜊 用枇杷核煑則釘易脫

煑籢筍 如猫頭筍之類籢而不可食者先以薄荷葉數片入鍋同盐煑熟則無籢氣

造芥辣汁 芥菜子淘淨入細辛少許白蜜醋一處同研爛再入淡醋濾去柤極辣

造脆薑 嫩生姜去皮甘草白芷零陵香少許同煑熟切作片子則脆美異常

糟薑 社前嫩薑去蘆揩淨用煮酒和糟盐拌匀入磁

罈上用沙糖一塊箬紥泥封

醋薑 炒塩醃一宿用元滷入釅醋同煎數沸候冷入薑箬紥瓶口泥封固

醬茄 將好嫩茄去蒂酌量用塩醃五日去水別用市醬醃五七日其水去盡揩乾曬一日方可入好醬内

糟茄 八九月間揀嫩茄去蒂用河水煎湯冷定和糟塩拌匀入罈箬紥泥封訣云五茄六糟塩十七更加河水甜如蜜

蒜茄 深秋摘小茄去蒂揩淨用常醋一碗水一碗合和煎微沸將茄焯過控乾搗蒜并塩和冷定醋水拌匀納磁罈中

香茄 取新嫩者切三角塊沸湯焯過稀布包榨乾塩醃一宿曬乾用薑絲橘絲紫蘇拌匀煎滚糖醋潑曬乾收貯

香蘿蔔 切作骰子塊塩醃一宿曬乾薑絲橘絲蒔蘿茴香拌匀煎滚常醋潑用磁器盛曝乾收貯

收藏瓜茄 用淋過灰曬乾埋王瓜茄子於内冬月取食如新

收藏梨子 揀不損大梨有枝柯者插不空心大蘿蔔

内紙裹暖處至春深不壞帶梗柑橘亦可依此法

收藏林檎 每一百顆內取二十顆搥碎入水同煎候冷納净甕浸之密封甕口久留愈佳

收藏石榴 選大者連枝摘下用新瓦缸安排在內以紙十餘重密封蓋

收藏柿子 柿未熟者以冷塩湯浸之可令周歲顏色不動

熟生柿法 取麻骨揷生柿中一夜可熟

收藏桃子 以麥麪煑粥入塩少許候冷傾入新甕取桃納粥內密封甕口冬月如新桃不可熟但擇其

色紅者佳

收藏柑橘 揀光鮮不損者將有眼竹籠先鋪草襯底及護四圍勿令露出重疊裝滿安於人不到處勿近酒氣可至四五月若乾了用時於柑橘頂上用竹針針十數孔以溫蜜湯浸半日其漿自充滿如舊

收藏金橘 安錫器內或芝麻雜之經久不壞若橙橘之屬藏菉豆中極妙勿近米邊見米即爛

收藏橄欖 用好錫有蓋鑵子揀好橄欖裝滿紙封縫放净地上至五六月猶鮮

收藏藕　好肥白嫩者向陰濕地下埋之可經久如新若將遠以泥裹之不壞

收藏栗子　霜後初生栗投水盆中去浮者餘漉出布拭乾曬少時令無水脉爲度用新小瓶先將沙炒乾放冷以栗裝入一層栗一層沙約八九分滿每瓶盛二三百箇用箬一重蓋覆以竹簽按定掃一淨地將瓶倒覆其上畧以黃土封之不宜近酒氣可至來春不壞

收藏核桃　以麄布袋盛掛當風處則不膩収松子亦可用此法

收乾荔枝　以新瓷甕盛每鋪一層用塩白梅二三箇以箬葉包如粽子狀置内密封甕口則不蛀壞

收藏柟子　以舊盛茶瓷甕收之經久不壞

收藏諸青果　十二月間盪洗潔淨瓶或小缸盛臘水遇時果出用銅青末與青果同入臘水收貯顏色不變如鮮凡青梅批杷林檎小棗蒲萄蓮蓬菱角甜瓜梨子柑橘香橙橄欖荸薺等果皆可收藏

收藏諸乾果　以乾沙相和入新甕内盛之密封其口或用芝麻拌和亦可

收藏餳糖　以燈草寸剪重重間和收之雖經雨不潤

造蜜煎果 凡煎果須隨其酸苦辛硬製之以半蜜半水煮十數沸乘熱控乾别換純蜜入沙銚内用文武火再煮取其色明透爲度新甕盛貯緊密封固勿令生蟲須時復看視覺蜜酸急以新蜜煉熟易之

收藏蜜煎果 黄梅時換蜜以細辛末放頂上蟻蟲不生

大料物法 官桂良薑蓽撥草荳蔻陳皮宿砂仁八角茴香各一兩川椒二兩杏仁五兩甘草一兩半白檀香半兩共爲細末用如帶出路以水浸蒸餅丸如彈子大用時旋以湯化開

素食中物料法 蒔蘿茴香川椒胡椒乾薑（炮）甘草馬芹杏仁各等分加榧子肉一倍共爲末水浸蒸餅爲丸如彈子大用時湯化開

省力物料法 馬芹胡椒茴香乾薑（炮）官桂花椒各等分爲末滴水爲丸如彈子大每用調和撚破卽入鍋内出外尤便

一了百當 甜醬一斤半臘糟一斤麻油七兩鹽十兩川椒馬芹茴香胡椒杏仁良薑官桂等分爲末先以油就鍋内熬香將料末同糟醬炒熟入器收貯

遇修饌隨意挑用料足味全甚便行廚

便民圖纂卷第十四 終

白衣爲油汚石膏火煅研細糝汚處以重物壓之過夜即如初或新石灰亦佳

便民圖纂卷第十五

製造類下

造雨衣 茯苓狠毒與天仙貝母蒼术等分全半夏浮萍加一倍九升水煑不須添騰騰慢火熬乾淨雨下隨君到處穿莫道單衫元是布勝如披著幾重氈

治塵衣 用大蒜搗碎擦洗塵處即淨

去墨汙衣 用棗嚼爛搓之仍用冷水洗無迹或用飯擦之或嚼生杏仁旋吐旋洗皆可

去油汙衣 用蛤粉厚糝汙處以熱熨斗坐粉上良久即去或用蕎麥麵鋪上下紙隔定熨之無迹或用白沸湯泡紫蘇擺洗若牛油汙者用生粟米洗之羊油汙者用石灰湯洗之皆淨

洗黃泥汙衣 以生薑挼過用水擺去

洗蟹黃汙衣 用蟹中腮揩之即去

洗青黛汙衣 嚼杏仁洗之

洗血汙衣 用冷水洗即淨若瘡中膿汙衣用牛皮膠洗之

洗皂衣 用梔子濃煎洗之如新

洗白衣 取豆秸灰或茶子去殼洗之或煑蘿蔔湯或

煮芋汁洗之皆妙

洗絲衣 用牛膠水浸半日以温湯洗之○又法用豆豉湯熱擺油去色不動

洗葛蕉 清水揉梅葉洗之不脆或用梅葉搗碎泡湯洗之亦可

洗竹布 竹布不可揉洗須摺起以隔宿米泔浸半日次用温水淋之用手輕按曬乾則垢膩盡去

洗毛衣 用猪蹄爪煎湯乘熱洗之

洗黃草布 以肥皂水洗取清灰汁浸壓不可揉

漂苧布 用梅葉搗汁以水和浸次用清水漂之帶水鋪曬未白再浸再曬

洗羅絹衣 凡羅絹衣服稍有垢膩卽摺置桶内温皂角湯洗之移時頻頻翻覆且浸且拍覺垢膩去盡却别用温湯又浸又拍不必展開徑搭竹竿上候滴盡方展開穿眼候乾止之

治漆汙衣 用油洗或以温湯畧擺過細嚼杏仁接洗又擺之無迹或先以麻油洗去用皂角洗之亦妙

治糞汙衣 埋土中一伏時取出洗之則無穢氣

練絹帛 先用釅桑灰或豆稭等灰煮熟絹帛次用猪胰練帛之法伺灰水大滚下帛須頻提轉不可過

洗玳瑁魚魫以肥皂挼冷水洗清水滌過再用盐水
出色最忌熱水
洗珎珠用乳浸一宿次日以益母草燒灰淋汁入麩
少許以絹袋盛珠輕手揉洗其色鮮明忌近麝香
能昏珠色○被油浸者用鵞鴨骨曬乾燒灰熱湯澄
汁絹袋盛洗○色焦赤者以槵子皮熱湯浸水洗
研蘿蔔淹一宿即白淨○赤色者以芭蕉水洗熏
浸一宿潔白○犯尸氣者以一敏草煎汁麩炭灰
揉洗潔淨珠色昏暗將珠納鵝口中覺咽下即殺鵝取珠其色鮮明如初

洗象牙等物用阿膠水刷之以水再滌○又法水煮
木賊令軟挼以甘草水滌之○又法煎盤貯水浸
之烈日中曬候瑩白爲度
煮骨作牙取驢骨用胡葱爛搗著水和骨煮勿令火
歇兩伏時候骨軟以細生布裹用物壓實令堅白
如牙紋
染木作花梨色用蘇木濃煎汁刷三次後一次摻石
灰在上良久拭去其紋如花梨若梅木只用水濕
以灰摻之
刷紫斑竹蘇木二兩剉碎用水二十盞煎至一盞以
下去柤入鐵漿三兩同熬少時以磁器或石器收

用時點之

〔硬錫〕凡錫器用硇砂白砂砒塩同煑其硬如銀

〔點鐵爲鋼〕羊角亂髮俱煅灰細研水調塗刀口燒紅
磨之

〔磨鏡藥〕鹿骨角燒灰枯白礬銀母砂共爲細末等分
和勻先磨淨後用此藥磨光則久不昏

〔補磁碗〕先將磁碗烘熱用鷄子清調石灰補之甚牢

○又法用白芨一錢石灰一錢水調補之

〔補缸〕缸有裂縫者先用竹篾箍定烈日中曬縫令乾
用瀝青火鎔塗之入縫內令滿更用火畧烘塗開

水不滲漏勝於油灰

〔綴假山〕生羊肝研爛和麪綴石甚牢

〔穿井〕凡開井必用數大盆貯水置各處俟夜氣明朗
觀所照星何處最大而明則地必有甘泉試之屢
驗

〔補磚縫草〕官桂末補磚縫中則草不生

〔浸炭不爆〕米泔浸炭一宿架起令乾燒之不爆

〔留宿火〕用好胡桃一箇燒半紅埋熱灰中三日尚不
燼

〔造衣香〕甘松藿香茴香零陵香（各一兩畧焙）檀香（擣碎酒浸蒸過）

聖燈方浮萍瓦松俱六月收遠志黃丹蛤粉各一兩共爲細末每油一兩入藥一錢點燈可照一月

焙乾丁香各半兩 共爲麄末紙包近肉或枕中放七日
入腦麝少許則香透衣内

作香餅 用堅硬木炭三斤杵細黃丹定粉針砂牙硝各半兩入炭末爛煑棗一升去皮核共拌勻作餅子若棗肉少以煑棗汁和之一餅可燒一日

煅爐炭 用松毛杉木燒灰以稠米湯搜和成劑曬乾煅紅取出候冷再研細依上和搜再煅三四次其白如雪其體甚輕置香爐中養火不滅

長明燈 雄黃硫黃乳香瀝青大麥麵乾漆胡蘆頭牙硝等分爲末漆和爲丸如彈子大穿一孔用鐵線

懸繫陰乾一丸可點一夜

點書燈 用麻油炷燈不損目每一斤入桐油二兩則不燥又辟鼠耗若菜油每斤入桐油三兩以塩少許置盞中亦可省油以生薑擦盞不生滓暈以蘇木煎燈心曬乾炷之無燼

收書 於未梅雨前曬極燥頓橱櫃中厚以紙糊門及小縫令不通風卽不蒸古人藏書多用芸香辟蠹卽今之七里香是也麝香亦可辟蠹樟腦又佳

收畫 未梅雨前曬眼令燥緊捲入匣厚以紙糊縫過梅月方開則不蒸匣須用楸梓杉杪之類内不用

漆

背畫不瓦 用蘿蔔少許入糊不瓦若入白礬椒末黃蠟則鼠不侵

造墨 清麻油十斤先取三斤以蘇木一兩半宣黃連二兩半杏仁二兩槌碎同煎候油變色放温濾去滓傾入餘油攪勻隨盞大小掘地作坑深淺令與盞平滿添油炷燈置坑內以瓦盆子約面闊八九寸底深二寸許者覆之仍用方寸瓦片擡起三面不可太高又不可太低每一炊久即掃一度只打作十盞盞多則掃不徹每取煙須即剪燈花勿拋油內仍勿頻揭見風恐致煙落○合膠凡煙四兩用黃牛皮乾膠一兩二分打作小片以水浸軟漉出入藥汁內同熬切忌膠少少則不堅多又着筆不宜添減○搜煙每煙四兩半用宣黃連半兩蘇木四兩各槌碎水二盞同煎五七沸候色變用熟絹濾去淨別同沉香一錢半煎留水四兩許再濾次用腦半錢麝一錢輕粉一錢半以藥汁半合研化先將藥汁入膠同熬不住手攪令鎔後入腦麝汁攪勻乘熱傾入煙內就無風處速搜和次就案上圍揉候光照人方印作錠子無以滑石爲末塗

墨上灰池頓無風處窨五七日候乾取出刷淨收貯

修壞墨 墨蒸過者用爐灰燒過却燒炭火於上待灰熱去火安墨以灰蓋之少時取出如新

收筆 搗薤汁或苦蕒汁蘸筆曬乾又蘸如此三五次曬極乾收過則不蛀○東坡以黃連煎湯調輕粉蘸筆頭候乾收之山谷以蜀椒黃柏煎湯磨松煤染筆藏之不蛀尤佳

洗筆 以器盛熱湯浸一飯久輕輕擺洗次用冷水滌之若有油膩以皂角湯洗甚佳

修破硯 瀝青鎔開調石屑補之則無痕或用黃蠟亦可

洗硯 凡硯須日滌之過二三日即墨色差減縱未能滌亦須易水春夏蒸溫之時墨久留其間則膠力滯而不可用尤宜頻滌滌時不得用熱湯亦不得用氊片故紙唯蓮房枯炭最佳端溪自有洗硯石或挼皂角水洗之亦得半夏切平洗硯大去滯墨

造印色 真麻油半兩許入草麻子十數粒槌碎同煎令黃黑色去草麻皮將油拌挼熟艾令乾濕得所後入銀硃以色紅爲度不須用帽紗生絹之類襯隔自然不黏塞印文又不生白醭雖十年不熾

調朱點書銀硃入藤黃或白芨水研則不落

逡巡碑用白芨白礬各等分細粉倍之先研芨礬細後入粉再同研羅過用好醋調如濃墨寫字眼乾用筆蘸濃墨滿紙塗之再晾乾然後去粉用蠟打之如碑上書之

去差寫字用蔓荊子二錢龍骨一錢栢子霜五分定粉少許同爲末先點水字上次用藥末摻之候乾拂之

造油紙訣云桐三油四不須煎百粒草麻細細研定粉一錢相合和太陽一點便鮮研用桐油三兩香油四兩草麻仁百粒研極細入定粉一錢相和以

柳枝頻攪後用鵞毛刷紙上搥透曬乾自然光明

燒輕粉明礬三斤白塩一斤同篩過和勻大漆盤盛之以鷄翎蘸米醋約小半盞灑塩礬上令微潤安小口鉢頭中用碗蓋定先將竈鍋内以草灰鋪底置鉢在内再用草灰填滿四圍及頂以烏盆蓋鍋紙條封口竈内燒火覺烏盆底熱住火仍用炭火數塊埋竈内令常熱次日開之看藥黃色爲度如未甚黃再溫一伏時此謂盦麯○每用麯二兩安瓮碗内火上略頓溫入汞一兩鐵匙拌勻不見星爲度先用磚疊地爐一箇四向留風門爐内先以

炭五斤燒紅將淨煎盤放爐上急以鐵匙挑藥於中烏盆蓋之四邊用紙錢灰如稀糊頻塗口縫勿令拆裂炭過一半卽將煎盤安地上候冷開之粉皆升於盤底烏盆須磨極淨筆蘸白墡漿塗過尤妙初升一爐未甚白向後自白每一盤止可升汞一兩炭須候一半過卽起起早升未盡遲則粉體重矣

乾蜜法 地丁花皂角花百合花共陰乾等分爲末黃蠟丸如彈子大收之每十斤蜜砂鍋内煉沸滾撻碎一丸在蜜候滾乾滴在水内如凝不散成蠟得三十兩

袪寒法 用馬牙硝爲細末唾調塗手及面則寒月迎風不冷

護足法 用防風細辛草烏爲末摻鞋底若着靴則水調塗足心若草鞋則以水濕草鞋之底沾上藥末雖遠行不疼不趼

拶脚方 凡女兒拶脚軟足先用瓶水煎杏仁桑白皮訖旋下朴硝乳香架足瓶口熏之待水温便洗

挹汗香 用丁香一兩爲末川椒六十粒碎和香内絹袋盛佩永絕汗氣

除頭虱 用百部藜蘆搗爲末摻髮內擦揉動虛縮起
待三二時篦去其虱皆死

治壁虱 用蕎麥稈作薦可除或蜈蚣萍曬乾燒煙熏
之

辟蟻 凡器物用肥皂湯洗抹布抹之則蟻不敢上

辟蠅 臘月內取楝樹子濃煎汁澄清泥封藏之用時
取出些少先將抹布洗淨浸入楝汁內扭乾抹宴
用什物則蠅自去

辟蚊蠹諸蟲 用鰻鱺魚乾於室中燒之蚊蟲皆化爲
水若熏氈物斷蛀蟲若置其骨於衣箱中則斷蠹
魚若熏屋宅免竹木生蛀及殺白蟻之類

治菜生蟲 用泥礬煎湯候冷灑之蟲自死

解魘魅 凡所房內有魘魅捉出者不要放手速以熱
油煎之次投火中其匠不死即病○又法起造房
屋於上梁之日偷匠人六尺竿幷墨斗以木馬兩
箇置二門外東西相對先以六尺竿橫放木馬上
次將墨斗線橫放竿上不令匠知上梁畢令眾匠
人跨過如使魘魅者則不敢跨

逐鬼魅法 人家或有鬼恠窨用水一鍾研雌黃一二
錢向東南桃枝縛作一束濡雌黃水洒之則絕跡

矣所用物件切忌婦女知之有犯再用新者

祛狐貍法 妖貍能變形惟千百年枯木能照之可得年夂枯木擊之其形自見

便民圖纂卷第十五 終